DENTRO DE
Panamá Salvaje

BLACKBIRCH PRESS

An imprint of Thomson Gale, a part of The Thomson Corporation

THOMSON

GALE

Detroit • New York • San Francisco • San Diego • New Haven, Conn. • Waterville, Maine • London • Munich

THOMSON

GALE

LIBRARY OF CONGRESS CATALOGING-IN-PUBLICATION DATA

Into wild Panama. Spanish.
  Dentro de Panamá salvaje / edited by Elaine Pascoe.
    p. cm. — (Jeff Corwin experience)
  Includes bibliographical references and index.
  ISBN 1-4103-0685-2 (hard cover : alk. paper)
  1. Zoology—Panama—Juvenile literature. I. Pascoe, Elaine. II. Title. III. Series.

  QL228.P2I5818 2005
  591.97287—dc22   2004029714

Printed in United States of America
10 9 8 7 6 5 4 3 2 1

Desde que era niño, soñaba con viajar alrededor del mundo, visitar lugares exóticos y ver todo tipo de animales increíbles. Y ahora, ¡adivina! ¡Eso es exactamente lo que hago!

Sí, tengo muchísima suerte. Pero no tienes que tener tu propio programa de televisión en Animal Planet para salir y explorar el mundo natural que te rodea. Bueno, yo sí viajo a Madagascar y el Amazonas y a todo tipo de lugares impresionantes—pero no necesitas ir demasiado lejos para ver la maravillosa vida silvestre de cerca. De hecho, puedo encontrar miles de criaturas increíbles aquí mismo, en mi propio patio trasero—o en el de mi vecino (aunque se molesta un poco cuando me encuentra arrastrándome por los arbustos). El punto es que, no importa dónde vivas, hay cosas fantásticas para ver en la naturaleza. Todo lo que tienes que hacer es mirar.

Por ejemplo, me encantan las serpientes. Me he enfrentado cara a cara con las víboras más venenosas del mundo—algunas de las más grandes, más fuertes y más raras. Pero también encontré una extraordinaria variedad de serpientes con sólo viajar por Massachussets, mi estado natal. Viajé a reservas, parques estatales, parques nacionales—y en cada lugar disfruté de plantas y animales únicos e impresionantes. Entonces, si yo lo puedo hacer, tú también lo puedes hacer (¡excepto por lo de cazar serpientes venenosas!) Así que planea una caminata por la naturaleza con algunos amigos. Organiza proyectos con tu maestro de ciencias en la escuela. Pídeles a tus papás que incluyan un parque estatal o nacional en la lista de cosas que hacer en las siguientes vacaciones familiares. Construye una casa para pájaros. Lo que sea. Pero ten contacto con la naturaleza.

Cuando leas estas páginas y veas las fotos, quizás puedas ver lo entusiasmado que me pongo cuando me enfrento cara a cara con bellos animales. Eso quiero precisamente. Que sientas la emoción. Y quiero que recuerdes que—incluso si no tienes tu propio programa de televisión—puedes experimentar la increíble belleza de la naturaleza dondequiera que vayas, cualquier día de la semana. Sólo espero ayudar a poner más a tu alcance ese fascinante poder y belleza. ¡Que lo disfrutes!

Mis mejores deseos,

NORTEAMÉRICA

Océano
Atlántico

AMÉRICA
DEL
SUR

Océano
Pacífico

EUROPA

ÁFRICA

ASIA

Océano
Indico

Océano
Pacífico

AUSTRALIA

Aquí es donde se unen el norte con el sur, donde chocan dos continentes. Estamos sobre un puente entre las Américas, en un paraíso tropical lleno de animales de todas formas y tamaños.

Me llamo Jeff Corwin. Bienvenido a Panamá.

Ven conmigo a explorar la angosta franja de tierra de Centroamérica conocida como Panamá. Cuando la gente piensa en este país, lo que recuerda de inmediato es el Canal de Panamá, una de las maravillas de la ingenería más grandes del mundo. Pero no debemos dejar que se eclipsen las maravillas naturales de Panamá.

Mirando el canal...

Todo esto está seco.

¡Mira hacia arriba! ¡Es un mono tití!

Vamos a comenzar nuestra visita a Panamá no muy lejos del famoso canal, en esta hermosa selva. Está extremadamente seco por aquí y las hojas caídas crujen debajo de nuestros pies. Esta selva normalmente es húmeda, pero es así durante la estación seca.

Hablando de crujidos entre las hojas caídas, acabo de divisar la cola de una serpiente muy gruesa. No soy el único que la vio. También la vieron una banda de monos tití que ahora

Corwin al rescate...

Es una hermosa boa.

están gritando y chillando porque esta serpiente a menudo es depredadora de monos tití. Creo que están diciendo, "¡Por favor, agarre esa serpiente! ¡Sáquela de aquí!" Es lo que estoy haciendo. Espero que sepan que esto implica un pago...dos bananas.

Ya la tengo, y es una hermosa serpiente, una boa constrictor imperator. Podemos encontrar esta especie de serpiente desde México hasta la Argentina. Lo interesante es que cada región tiene su única fase o coloración, casi como una subespecie. Este individuo tiene un diseño realmente bello que nunca antes había visto. Es de color marrón claro, no como el marrón fuerte y oscuro que se ve en las boas de Sudamérica. Es más claro, con lomo iridiscente.

La lengua sale para olfatear la presa...

Como las otras boas y pitones, esta serpiente mata a sus presas no con veneno, como lo haría una cascabel, sino mediante constricción, con un abrazo mortal. Cuando está cazando, primero detecta la presa con su lengua. La lengua entra y sale de la boca, detectando las trazas químicas de presas potenciales como un joven agutí o un mono tití. La boa rastrea su presa y luego espera, perfectamente inmóvil, dejando que su coloración se mimetice con los alrededores, hasta casí desaparecer. Y después—¡Zas! La serpiente se extiende, toma la presa, se enrolla alrededor de ella, y la constriñe hasta que se muere. Después traga la presa entera.

...y luego... ¡Zas!

Este cuerpo está lleno de poderosos espirales.

Ésta es la serpiente más grande de Centroamérica.

Estas boas constrictoras son las serpientes más grandes de Centroamérica, y son hermosas. Estoy notando algunas cosas interesantes acerca de este individuo. Mira dónde estoy señalando con el dedo, y verás algo que parece una escama levantada. No es una escama; es un ectoparásito, una garrapata, que está aprovechando para tener un viaje gratis y una comida de sangre de la serpiente.

Normalmente, si sólo estuviera observando esta serpiente, probablemente no la movería. Pero como yo expuse la serpiente al mono tití y el mono tití a la serpiente, no quiero ser responsable de que ésta se coma al mono tití. Entonces la voy a alejar, sólo un poco, y la voy a soltar.

Hola, ¿qué tal la vista desde allí?

Es increíble pensar que estoy a sólo 5 millas (8 kilómetros) de la bulliciosa capital del país, la Ciudad de Panamá. Ésta es una selva relativamente nueva, de sólo 80 años de edad, y es el único enlace entre la ciudad y la cuenca del Canal de Panamá. A pesar de su juventud, esta selva está llena de animales salvajes.

Esta selva es el hogar de miles de animales.

¡Mira esto! Este extraordinario animal es un oso perezoso, y lo que tiene de bueno es que pasa el 99 por ciento de su vida cabeza abajo, colgado de ramas. Come, duerme, y si es hembra, da a luz cabeza abajo.

Los osos perezosos son muy simpáticos...

¿Cuál de los dos está cabeza ajo?

¿Puedes adivinar si éste es un oso perezoso de dos o de tres dedos?

Hay dos especies distintas de osos perezosos que habitan en Panamá, el de dos dedos y el de tres dedos. Sólo mira la extremidad anterior de éste y verás dos garras con forma de dedos, lo que nos indica que es un oso perezoso de dos dedos. Los osos perezosos son herbívoros—comen hojas. El oso perezoso de tres dedos es muy específico en cuanto a sus gustos, y las hojas que prefiere son aquellas del árbol de guarumo. Pero éste tiene una dieta más amplia—come mucho más plantas.

A menudo, en la piel de estos osos perezosos de dos dedos vive un tipo de alga, que le da un tono verdoso.

Esta alga se encuentra solamente en el pelo de los osos perezosos de dos dedos. Hay otra cosa interesante sobre estos animales. No sólo albergan esta especie única de algas en su

Una clase especial de algas crece en este pelo.

pelo, sino que también albergan una polilla que vive en el pelo y se come las algas. Entonces tenemos un animal que vive en este ecosistema complejo, y es a su vez un micro-ecosistema en sí mismo, hogar de todo tipo de flora y fauna. Los osos perezosos son animales magníficos, muy raros y sumamente adorables. Esto es lo que me encanta de Panamá.

Raro, pero adorable.

El Canal de Panamá es un lugar muy concurrido.

El Puente de las Américas.

Todos los que pasen por este sistema de exclusas, viajando a través del canal de Panamá, deben pagar una tarifa. El canal tiene costos de operación muy elevados, así que no es gratis pasar por allí. Pero el precio varía. Las embarcaciones pequeñas pagan solo unos doscientos dólares. Pero los buques cargueros gigantes a veces pagan hasta $180.000 dólares.

Estamos cerca del extremo del Pacífico del Canal de Panamá, que recorre más de 50 millas (81 kilómetros) más hasta llegar al Atlántico. Aquí el Puente de las Américas une ambas márgenes del canal. El puente fue construido para el cruce de los humanos. Pero antes de la construcción del Canal de Panamá, había un cruce de tierra aquí y los animales llevaban millones de años cruzando este puente natural, yendo de sur a norte y de norte a sur.

Antes de la creación del Canal de Panamá, esta región era mayormente selva tropical. Pero en 1913 fue inundada, creándose el Lago Gatún. El lago posee islas que una vez fueron cumbres de cerros. Desde que se formó el lago, los animales que estaban en estas cumbres que se convirtieron en islas quedaron aislados. Es un gran lugar para explorar y encontrar animales interesantes.

Nuestra primer parada es la Isla de Tigre, en realidad una pequeña cadena de islas en el Lago Gatún. Es un santuario de primates, y nos da una gran oportunidad de ver de cerca algunos

¡Vamos a jugar con algunos primates!

monos del Nuevo Mundo realmente bellos. El único problema es que los monos siempre parecen traerme problemas. Veamos qué sucede.

¡Mira esto! Los monos enviaron un mensaje de bienvenida. Hola, damas y caballeros. Hay dos especies distintas de monos aquí. Los negros son monos araña negros colombianos, que son monos araña de América del Sur, y los otros son monos araña de América Central. Únicamente en Panamá se ven las dos especies juntas, la colombiana desplazándose hacia el norte, y la de América Central hacia el sur. Este es un ejemplo de lo que

Éstos son los monos de América Central.

Éste es un mono araña colombiano.

ha estado ocurriendo en esta tierra durante millones de años—el intercambio de especies a través del gran embudo de Panamá.

Éste no me quiere mucho...

Voy a estar alerta de este mono colombiano, porque no está contento con nuestra presencia en la isla. Es fuerte— está mostrando sus dientes, golpeando las ramas, y tratando de agrandarse lo más que puede. Pero mira cómo columpia entre los árboles, mira lo ágil que es. Lo hace con cuatro dedos, sin usar el pulgar. ¿Por qué? Porque no tiene pulgar. No lo necesita. Los pulgares sólo le molestarían al saltar y columpiar entre los árboles.

¡Mira, sin pulgar!

Los monos noctámbulos son tan hermosos, ¿no lo crees?

En frente de mí hay dos monos noctámbulos, unos primates absolutamente adorables. Son probablemente la segunda especie más pequeña de primates que habita en Centroamérica, y fácilmente una de las más pequeñas en los trópicos del Nuevo Mundo. Por lo general se desplazan en grupos pequeños, en unidades familiares de dos a cuatro individuos, y duermen en huecos en los árboles durante las horas del día. Cuando se despiertan, comienzan su turno de la noche, y empiezan a trabajar. Van desplazándose, saltando de rama en rama y de árbol en árbol en busca de alimentos como savia, frutos y otros brotes tiernos. Comen insectos, y a veces incluso animales pequeños. Y son simplemente adorables.

En una isla muy pequeña aquí cerca vive una colonia de monos tití, esos pequeños monos que vimos más temprano en tierra firme. Son los primates más pequeños de

¡Bebés mellizos de mono tití!

Centroamérica. ¡Mira esto! ¡Mellizos! ¿No son chulos estos bebés? Se agarran en la espalda de su madre, pero cuando se sienten seguros, se bajan y mordisquean algunas bananas.

Estos pequeños primates tienen una melena rojiza en la parte posterior del cuello. Su dieta es 60 por ciento frutos, 30 por ciento insectos y 10 por ciento néctar. Pueden vivir más de quince años, y pueden vivir bien en presencia de seres humanos, con tal que los humanos no los exploten como alimento o mascotas.

Estos monos tití son sujetos perfectos para los científicos investigadores.

Como estos monos tití han estado viviendo en el ambiente aislado de esta isla, son excelentes candidatos para un estudio de investigación. Por eso llevan collares de identificación, que también se ven como gargantillas muy elegantes.

Joyas llamativas - ¿no lo crees?

Desde lo más alto de este follaje selvático, obtenemos una vista de la selva tropical que la mayoría de la gente nunca puede experimentar. Fui elevado hasta aquí por una grúa. Esta grúa en particular fue construida gracias a un esfuerzo conjunto entre el Instituto Smithsonian y el UNEP, el Programa de Medioambiente de las Naciones Unidas. Les da a los científicos la oportunidad poco usual de estudiar una selva tropical por completo, desde abajo hasta arriba. La grúa tiene 140 pies (43 metros) de alto, pero también puede extenderse 140 pies a lo largo.

Ésta es una vista maravillosa.

Subiendo...

En el follaje habitan el 80 por ciento de las formas de vida de la selva. Allí viven los primates, los osos perezosos y muchas lagartijas y ranas. De hecho, justo allí hay una iguana verde, merendando unas hojas tiernas.

Estas iguanas habitan en el follaje.

¡Puedo ver la Ciudad de Panamá!

Desde aquí arriba, es impactante ver lo cerca que está la ciudad. La selva tropical desmboca en la selva urbana de Panamá. Es el encuentro de dos mundos totalmente distintos, con algunas consecuencias desagradables.

Sólo a unas pocas millas fuera de la capital de Panamá y hay una selva tropical.

José Luis y yo miramos a este bebé coatí.

¿No es el animalito más dulce?

Ancon es una entidad sin ánimo de lucro que se especializa en la conservación de los recursos naturales de Panamá. También se extiende hacia la comunidad para educar a la gente y también de otra manera, a través de José Luis Ortega.

José Luis trabaja con un programa de Ancon llamado Línea Verde. Rescata fauna silvestre como este hermoso coatí pequeño—fauna silvestre que llega hasta el hábitat de los seres humanos. Este pequeño animal, pariente del mapache, quedó huérfano cuando le dispararon a su madre.

La Ciudad de Panamá está rodeada de un hermoso hábitat de selva tropical. Por eso siempre existe contacto entre la fauna silvestre y los seres humanos. A menudo el encuentro tiene final trágico—el animal es matado o a veces la gente sale herida. Pero allí es donde interviene José Luis. Su trabajo consiste básicamente en rescatar a los animales y prevenir el final trágico.

Uno de los animales bajo el cuidado de José Luis en un tamanduá, un tipo de oso hormiguero, que de algún modo se encontró en una cocina. Soltaremos el tamanduá lo suficientemente lejos para que no vuelva a encontrarse en algún lavabo de otra cocina. Son veloces y trepan muy rápidamente. Pero vamos a verlo detenidamente antes que se vaya.

¿Has visto un tamanduá alguna vez?

Parece un oso hormiguero...porque lo es.

Estos animales están emparentados con los osos perezosos y los armadillos.

Estas garras son como hojas de afeitar.

Mira esa nariz, la nariz de oso hormiguero. Los osos hormigueros pertenecen a un grupo de mamíferos llamado xenarthra, un grupo que incluye osos perezosos y armadillos. Estos animales se han estado desplazando durante millones de años a través del gran puente de tierra llamado Istmo de Panamá, pero la mayoría de los tipos habita en Sudamérica y en Centroamérica. El único xenarthra que logra llegar a América del Norte, al menos en los tiempos modernos, es el armadillo.

Los pies de este animal terminan en garras extremadamente filosas. Cuando quiere defenderse, retrocede y saca sus brazos. No puede morder,

pero puede cortar con esas garras. Pasan mucho tiempo en los árboles, y tienen colas prensiles que usan como una quinta extremidad, para agarrarse de las ramas. Usan sus garras para trepar, y, más importante aún, para destruir los hogares de los animales que se comen.

Cuando llega la hora de comer, este animal se acerca a un nido de termitas o a un hormiguero y comienza a cavar. Luego mete su hocico y saca su lengua pegajosa para recoger hormigas. Puede comer

A este animal le encanta comer insectos.

durante sólo unos pocos minutos, porque después salen los soldados, las grandes hormigas que se especializan en defensa y pueden morder y picar. El tamanduá puede cerrar los ojos y aguantar las picaduras por un rato o bien irse y posiblemente regresar más tarde al mismo nido. Es un animal extraordinario, de diseño primitivo, pero perfecto para la supervivencia en este duro ecosistema.

Los ocelotes son magníficos.

Estos felinos son grandes trepadores.

Aquí hay un depredador nativo que tolera un poco a los humanos y realmente me gustaría que lo vieras. Es un hermoso felino, un ocelote. Estos animales se encuentran tan cómodos sobre los árboles como desplazándose por el suelo. Mira su bello colorido. Estos puntos rompen la forma del animal, permitiendo que se mimetice con sus alrededores. Tengo que estar muy atento a este gato porque en un instante está contento, explorando, y jugueteando, y en el instante siguiente podría usarme la pierna como un poste para rascarse.

Los ocelotes son los más grandes felinos de cuerpo pequeño de los trópicos del Nuevo Mundo. Los felinos de cuerpo pequeño incluyen animales como margayes, jaguarundis (no jaguares), pequeños tigrillos y ocelotes. Un ocelote macho como éste puede pesar hasta 35 libras (16 kilogramos), lo cuál hace de su especie la más grande del grupo.

A pesar de su tamaño, es un carnívoro asombroso y furtivo. Acepta todo tipo de presas y va hasta casi cualquier sitio para conseguirlas. Se mete al río a buscar tortugas, peces y ranas. Se trepa a los árboles para perseguir ratas arborícolas o aves.

A los ocelotes les gusta comer carne, y van a cualquier lado a buscarla.

Se han visto ocelotes desde Arizona hasta México, e incluso más al sur por América Central y Sudamérica. Se originaron en Norteamérica y se propagaron hacia el sur cruzando el Istmo de Panamá. El puente de tierra emergió del océano hace un par de millones de años, y los ocelotes básicamente han estado pasando desde América del Norte a América del Sur desde entonces, mientras que animales como los armadillos y osos hormigueros se dirigían al norte.

Veamos por aquí...

Además del hosco ocelote, esta área tiene otro residente salvaje, y quiero que lo veas. Ésta es una de las serpientes más maravillosas que viven en la zona neotropical, una magnífica serpiente. Generalmente se puede encontrar cerca de las raíces de un árbol, donde se mimetiza perfectamente con las hojas caídas.

¿Puedes ver la serpiente?

Esta serpiente comparte ancestros con la cascabel de América

Aquí está...

...y mira la cabeza con forma de lanza.

del Norte. Es una *Bothrops asper*, barba amarilla o fer-de-lance, una serpiente absolutamente hermosa. El nombre fer-de-lance se refiere a la forma de la cabeza de este animal, que parece la punta de una lanza.

La sostengo con cuidado porque está armada con colmillos, y es venenosa. Como todas las víboras, ésta tiene colmillos solenoglifos, y eso es muy interesante. Quiere decir que los colmillos tienen especies de bisagras, y la serpiente puede extenderlos, rotarlos y retraerlos. Cuando este animal se extiende para atrapar sus presas, abre la boca todo lo que puede, entierra esos colmillos y luego tira hacia adelante. A medida que lo hace, inyecta una copiosa cantidad

Los colmillos de esta serpiente se pueden mover hacia adentro y hacia afuera.

¿Ves esta fosa? Es un detector de calor.

de veneno, que comienza a destruir los tejidos de su presa para facilitar su propia digestión.

Aquí hay otra cosa asombrosa acerca de esta serpiente, una característica que comparte con las serpientes de cascabel y las cabezas de cobre. Detrás de sus orificios nasales, hay una fosa. Es un receptor térmico. Le da la increíble capacidad de detectar el calor que irradian las presas de sangre caliente, como los roedores y las aves. Una vez que detecta la presa, puede permanecer totalmente inmóvil, esperando para atacar. El camuflaje que usa para protegerse de sus depredadores es el mismo que usa para cazar, para que no lo detecten sus presas.

Está hermosa fer-de-lance es venenosa y potencialmente peligrosa, pero si se la trata con respeto, es muy admirable. Ciertamente tiene un papel importante en este ecosistema.

Yendo hacia Darién.

A poco tiempo de vuelo de la Cuidad de Panamá hay un área llamada Darién. Hace cien años el hombre trató de establecerse en esta área, pero la jungla resistió y eventualmente triunfó. Hoy en día los únicos humanos que la habitan son algunos biólogos.

Esta es una selva muy salvaje.

Camino a la cueva...

Chichile, uno de los trabajadores aquí en la Estación de Campo Ancon, nos está llevando a un pozo de una vieja mina en donde habitan unas misteriosas ranas. Me han dicho que son grandes y púrpuras, y que sólo se ven en esta cueva. Voy a tratar de identificarlas después de vadear a través de lo que parecen ser 3 pies (0,9 metros) de guano de murciélago sobre el piso de la cueva.

... cruzando lentamente por el guano.

Bien, mira el tamaño de esta rana, es enorme. Pero no es tan misteriosa. Es una rana gigante (*Leptodactylus pentadactylus*), un animal que se encuentra por toda Sudamérica. Sin embargo, es la primera vez que veo una en Centroamérica, y nunca había visto una tan grande. Mira sus músculos pectorales; podría destapar una botella de refresco. Mira esos brazos. Las espinas del pecho me dicen que es la época de apareamiento. Las espinas le ayudan al macho a aferrarse cuando monta sobre la hembra.

Fuera en la selva, encontrarías estas ranas comiendo insectos. Pero en este sistema de cuevas, comen murciélagos. Lindas ranas. Fue grandioso poder venir aquí y resolver este pequeño misterio.

Mira los pectorales de esta rana gigante.

A estas ranas les apetecen los murciélagos.

Algunas ranas venenosas tienen colores brillantes para prevenir a sus depredadores.

Mira esta ranita.

He aquí un animal sorprendente, una de las especies más pequeñas de dendrobates, o ranas dardo venenoso, que habitan en las Américas. Tengo que tener mucho cuidado con ella ya que es muy frágil. Pero estos animales tienen una excelente defensa. Producen una toxina mortal en su piel. Si un depredador se comiera esta rana, o si la toxina entrara en su torrente sanguíneo de alguna otra manera, probablemente se moriría.

¿Ves la espalda burbujeando? Son renacuajos que están esperando a nacer.

Hay algo más que es sorprendente acerca de esta rana. Este es un macho, y transporta sus renacuajos sobre la espalda. Fíjate nomás. Su espalda burbujea con una nueva

generación de ranas venenosas. Cuando estos renacuajos nacen, suben meneándose a la espalda de la rana macho y se pegan a una mucosa secretada por él. Los lleva a un buen sitio para crecer, tal como los embudos colectores de agua de las plantas bromeliáceas. Un maravilloso animal pequeño, y algo para recordar, la rana dardo venenoso.

Este padre está llevando a sus hijitos a un buen sitio...

...como esta planta bromeliácea.

¡Huy!

Las víboras de pestañas son muy, pero muy, venenosas.

Esta espectacular serpiente es la víbora de pestañas. Aunque no son particularmente agresivas, son muy, pero muy, venenosas y tienen un muy buen alcance. También son excelentes trepadoras. Debo tener mucho cuidado al tocar esta serpiente. Cerca de un tercio de las mordeduras de víboras son secas, o sea que no contienen veneno. Pero esas no son buenas probabilidades a mi criterio. Por eso hay que ser tan cuidadoso cuando manipulas serpientes venenosas. Si te equivocas, te puedes morir y no le puedes echar la culpa a la serpiente.

Mira justo sobre sus ojos, donde puedes ver la hilera de escamas. Por eso esta serpiente se llama víbora de pestañas, no porque

Excelente camuflaje...

...y hermosas escamas.

tenga pelos. Los reptiles no tienen pelo; tienen escamas. Mira el camuflaje. Éstas son las víboras más bellas que encontrarás en el Nuevo Mundo. Vienen en todos los colores—naranja, amarillo, verde. Ésta es color canela.

La que atrapé era de color canela.

No importa cuánto miedo le tengas a las serpientes, cuando ves esta serpiente no puedes evitar ver un hermoso animal. Es una maravillosa serpiente venenosa. Eso es lo bueno de explorar el área Darién, hay miles de cosas para descubrir aquí.

Las águilas harpías son las águilas más grandes del Nuevo

Mira este magnífico animal. Es un águila harpía, probablemente el ave de rapiña más grande y definitivamente el águila más grande del Nuevo Mundo.

¡Vaya! Qué ave de rapiña.

Estas garras son armas mortales.

Esta ave tiene la capacidad de levantar un oso perezoso directamente desde el follaje con sus poderosas garras. Mira esas garras. Las garras de las águilas harpías pueden medir 5 pulgadas (13 centímetros) de largo, y están diseñadas para demoler huesos, perforar una espina dorsal, desgarrar la carne, y arrancar de su árbol a un animal que pese 20 libras (9 kilogramos) o más.

Probablemente te preguntes cómo llegó esta águila harpía a mi brazo. Ciertamente no la perseguimos en la naturaleza. Este individuo es parte de un programa mundial de conservación, el Fondo Peregrino, que funciona aquí en Panamá.

44

Estas aves son los mejores depredadores de la selva tropical.

Sólo dos amigos...

El Fondo Peregrino se especializa en la conservación de aves de rapiña.

Estas águilas son extremadamente poderosas, tanto en el vuelo como en el modo de atrapar a sus presas. Fundamentalmente son como los jaguares del follaje, en la parte superior de la pirámide alimenticia allí en lo alto. El águila harpía es un asombroso animal, y creo que es una excelente forma de finalizar nuestra visita. No sólo es un animal extraordinario, sino que es también el ave nacional de Panamá.

Espero que hayas disfrutado mucho la naturaleza aquí en Panamá. ¡Nos vemos en nuestra próxima aventura!

GLOSARIO

ave de rapiña un tipo de ave que caza y se alimenta de otros animales tal como el águila

carnívoro un animal que come carne

conservación preservación o protección

constricción estrangulación o compresión

copioso en gran cantidad

cuenca un lugar que desagua a un cuerpo de agua

depredador animal que mata y se alimenta de otros animales

ecosistema una comunidad de organismos

follaje la parte superior de una selva tropical

guano excrementos de murciélago

hábitat un lugar donde las plantas y animales viven juntos naturalmente

herbívoro un animal que come plantas

iridiscente brilloso o destellante

mamíferos animales de sangre caliente que amamantan a sus bebés

néctar un líquido dulce producido por algunas plantas

prensil que tiene capacidad de aferrar o de enrollarse sobre algo

primates un tipo de mamíferos como los monos, simios y humanos

santuario un lugar donde los animales están seguros y protegidos

selva tropical una selva tropical donde llueve mucho

veneno una sustancia que usan las serpientes para atacar a sus presas o defenderse

víbora un tipo de serpiente venenosa

Índice